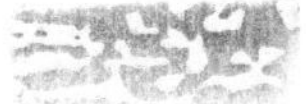

DAXIONGMAO GUOJIA GONGYUAN
WENCHUAN ZIRAN JIAOYU SHOUCE

大熊猫国家公园

汶川自然教育手册

大熊猫国家公园汶川自然教育手册编委会　主编

·成都·

图书在版编目（CIP）数据

大熊猫国家公园汶川自然教育手册 / 大熊猫国家公园汶川自然教育手册编委会主编. — 成都：电子科技大学出版社，2023.9

ISBN 978-7-5770-0009-1

I. ①大… II. ①大… III. ①大熊猫-动物保护-国家公园-自然教育-中国-手册 IV. ①S759.992-62

中国版本图书馆 CIP 数据核字（2022）第 249233 号

大熊猫国家公园汶川自然教育手册

DAXIONGMAO GUOJIA GONGYUAN WENCHUAN ZIRAN JIAOYU SHOUCE

大熊猫国家公园汶川自然教育手册编委会　主编

策划统筹　杜　倩

策划编辑　李　倩　曾　艺

责任编辑　李　倩

出版发行　电子科技大学出版社

成都市一环路东一段 159 号电子信息产业大厦九楼　邮编 610051

主　　页　www.uestcp.com.cn

服务电话　028-83203399

邮购电话　028-83201495

印　　刷　成都市金雅迪彩色印刷有限公司

成品尺寸　210 mm×270 mm

印　　张　5.75

字　　数　110 千字

版　　次　2023 年 9 月第 1 版

印　　次　2023 年 9 月第 1 次印刷

书　　号　ISBN 978-7-5770-0009-1

定　　价　98.00 元

XU

序

建立国家公园体制，是以习近平同志为核心的党中央站在实现中华民族永续发展的战略高度作出的重大决策。大熊猫国家公园在走出国家公园建设新路径、建立生态保护新体系、开创生态建设新局面、迈入现代化管理新阶段、形成人与自然和谐发展新气象等方面积极探索，勇于实践，全面推动生态保护、绿色发展和民生改善相统一，打造了大熊猫保护这一全球自然保护的成功案例。

坚持谋平衡之法，筑发展之基。大熊猫国家公园汶川园区深刻领会“中国式现代化是人与自然和谐共生的现代化”的科学内涵，牢固树立和践行“两山”理念，坚持“保护、发展、宣传、服务”的工作方向，统筹推进山水林田湖草沙系统治理，协调推进生态保护和经济社会发展，推动生产、生活、生态空间更合理、更科学地发展，推动生态文明建设与城乡功能定位和产业布局更融合、更统一，走出了一条点绿成金、转绿为金、添绿增金的“两山”转换路径。

坚持寻共存之道，荣自然之木。《大熊猫国家公园汶川自然教育手册》重点围绕“一心二体三融合”等内容，开展园区内物种、气候、自然保护方法等知识科普，让读者了解国家公园日常工作，不断强化公众的保护意识和责任担当，让全社会更深层次地理解“绿水青山就是金山银山”的科学论断。旨在引导广大群众形成“亲近自然、学习自然、热爱自然、保护自然”

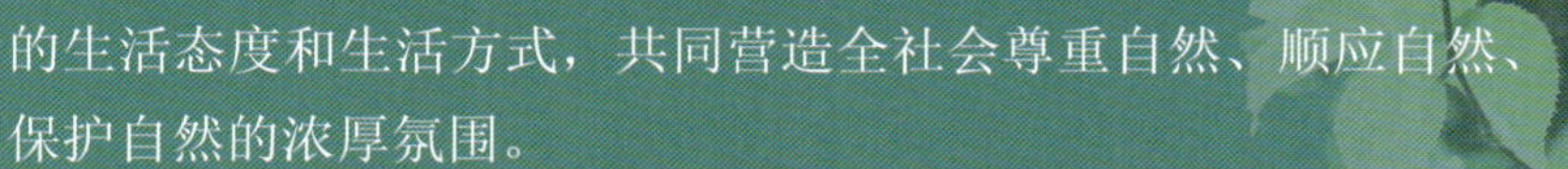

的生活态度和生活方式，共同营造全社会尊重自然、顺应自然、保护自然的浓厚氛围。

坚持立当代之功，固千秋之本。生态环境保护功在当代，利在千秋。党的十八大以来，以习近平同志为核心的党中央始终将生态保护放在压倒性位置，提出“要像爱惜眼睛一样保护生态环境”等一系列科学理念。如今，祖国天更蓝、地更绿、水更清，万里河山更多姿多彩，无不彰显出生态环境保护的科学性、有效性。党的二十大报告明确提出，要提升生态系统的多样性、稳定性、持续性。我们必须深入学习、深刻领会、深度思考，把推进大熊猫国家公园汶川园区建设这个“国之大者”抓紧抓实，以“干在当代”之功、“固本长久”之策、“愚公移山”之志，自觉践行保护生态环境、建设美丽中国的使命担当。

人不负青山，青山定不负人。大熊猫国家公园建设是一项系统工程，事关民生，事关根本，事关长远。我们期待更多的公众能够深度了解大熊猫国家公园的工作日常，理解大熊猫国家公园的重要价值并积极参与到大熊猫国家公园建设这一伟大的事业中来，共同打造生态文明和美丽中国最亮丽的名片！

李建军

2023 年 8 月

MULU

目录

第五章　与大自然在一起

在青藏高原边缘，由于大陆板块的挤压，形成了几条沟壑深深的山脉，被称为“横断山脉”，在其中一些山谷中栖息着“国宝”大熊猫。同时，在秦岭地区，也生活着大熊猫的其他族群。现在，这些自然保护区被整合在一起，成为大熊猫国家公园。

第一章 走进大熊猫国家公园

这是一个能让万物疗愈和物种繁衍的空间。我们在栖息地之间建立野生动物通道，使大熊猫国家公园变成一个不间断的区域，让不同的种群能够相遇。在这里生活着我国31%的两栖爬行类动物，70%的森林鸟类以及70%的哺乳动物。超过8000个物种在大自然中尽职尽责地扮演着它们的角色。从微小的，到最庞大的，每个物种都为维持生物多样性作出自己的贡献。

“大熊猫国家公园，自然本来的样子”，这是人类对自然的承诺，更是我们与子孙后代的约定。

区别于以往的动物保护主要倾向于珍稀物种，国家公园的建设面对的是整个生态系统。自然界里的生物并不是个体孤立地生存着，它们与其生存的环境共同形成一个统一的整体——生态系统。它们因食物需求而建立起食物链、食物网，甚至某种物种的濒危或灭绝会影响整个生态系统的稳定性。因此，保护物种的多样性，不是局限于某一种动植物，通过国家公园的建设，我们把最重要的自然生态系统、最独特的自然景观、最富集的生物多样性保护起来，以推进生态文明建设。

2021 年 10 月，我国设立第一批国家公园，包括三江源国家公园、大熊猫国家公园、东北虎豹国家公园、海南热带雨林国家公园、武夷山国家公园，保护面积达 23 万平方公里。

一、大熊猫国家公园

大熊猫国家公园由国家批准设立并主导管理，其边界清晰，以保护大熊猫为主要目的，对促进人与自然和谐共生具有极其重要的意义。

大熊猫国家公园包括核心保护区、生态修复区、科普游憩区、传统利用区 4 个功能分区，其中核心保护区覆盖现有的 67 个大熊猫自然保护区。公园内植被垂直分布明显，随着海拔升高，依次是“典型亚热带常绿落叶林—常绿阔叶落叶混交林—温性针叶林—寒温性针叶林—灌丛和灌草丛—草甸”。园区内有国家重点保护野生植物 30 多种，其中国家一级保护野生植物有红豆杉、独叶草、光叶珙桐、珙桐 4 种。有国家重点保护野生动物 100 多种，其中国家一级保护野生动物有大熊猫、川金丝猴、金钱豹、雪豹、马麝、豺林麝、羚牛、金雕、白肩雕、绿尾虹雉、胡兀鹫、雉鹑、斑尾榛鸡、东方白鹳等 10 多种。

二、三江源国家公园

美丽而神秘的三江源，地处青藏高原腹地，是长江、黄河、澜沧江的发源地，素有“中华水塔”之称。三江源国家公园园区内拥有冰川雪山、高海拔湿地、荒漠戈壁、高寒草原草甸等高寒生态系统，是重要的生态安全屏障。主要山脉有著名的昆仑山、巴颜喀拉山、唐古拉山等山脉，逶迤纵横，冰川耸立。这里平均海拔 4700 米以上，雪原广袤，河流、沼泽与湖泊众多，面积大于 1 平方公里的湖泊有 167 个。

图片来源：三江源国家公园官网

三、东北虎豹国家公园

东北虎豹国家公园地处我国吉林、黑龙江两省交界的老爷岭南部区域，是亚洲温带针阔混交林生态系统的中心地带。园区是我国东北虎、东北豹种群数量最多、活动最频繁、最重要的定居和繁育区域，也是重要的野生动植物分布区和北半球温带区生物多样性最丰富的地区之一。

四、海南热带雨林国家公园

海南热带雨林国家公园位于海南岛中部，拥有我国分布最集中、类型最多样、保存最完好、连片面积最大的大陆性岛屿型热带雨林，是全球最濒危灵长类动物海南长臂猿全球唯一的分布地，也是岛屿型热带雨林的典型代表、热带生物多样性和遗传资源的宝库以及海南岛生态安全屏障。

图片来源：海南热带雨林国家公园官网

五、武夷山国家公园

武夷山国家公园位于福建省北部，是世界文化与自然双遗产地。地质构造、流水侵蚀、风化剥蚀、重力崩塌等综合作用构成了武夷山丰富的地貌类型。园区内生态环境类型多样，为野生动物栖息、繁衍提供了理想场所，被中外生物学家誉为“蛇的王国”“昆虫世界”“鸟的天堂”“世界生物模式标本的产地”“研究亚洲两栖爬行动物的钥匙”，是世界著名的生物模式标本产地。

图片来源：武夷山国家公园官网

互动体验

用不同的感官感受大自然，能够让我们对大自然有更深的体验和理解。曾经看到的美景或许会在记忆中褪色，但是倘若回忆起曾经细嗅过的潮湿土地、曾经聆听过的清脆鸟鸣，那时的感动便会涌上心头，让我们的心灵能够沉浸在大自然中，从而真正体味美好的含义。

大自然初体验

1. 游戏说明

场地：户外湿地

内容：用不同的感官感受大自然

参与者人数：5 ～ 10 人。

2. 游戏规则

（1）请组队到达户外湿地，戴上眼罩排成一竖队，双手依次搭在前一个人的肩膀上，准备出发。

（2）请跟着游戏带领者的路线走，全神贯注地去听、去闻、去感受周边的环境。

（3）如果沿途碰见有趣的东西就请停下来，尽可能多地去收集周围环境带来的信息。

（4）到达终点，请摘下眼罩，用自己的方法把刚才蒙眼走过的路和沿途的景色画成地图或简笔画。

（5）绘画完成后，尝试原路返回。

3. 分享和感悟

活动完成后，请与小伙伴分享你在活动过程中的感受与活动后的感悟。

第二章 与子遗物种邂逅

在大熊猫国家公园这一片得天独厚的“避难所”里，当冰期到来，动植物可向低海拔移动，而当气温回暖，它们又可朝高海拔回迁，众多古老的物种便在此幸存至今，演化史长达数百万年的大熊猫、珙桐和银杏便在其中。

它们仿佛与世隔绝地生活在这里，年复一年，花开花落。而山谷外的世界，气候风云变幻，已经经历了百万年的变迁。这类孤立的幸存者，被称为“孑遗物种”。

让我们一起走进大熊猫国家公园，追溯到地球上还没有人类的年代，去逐步探索这些“孑遗物种”。

第一节

八百万年的“活化石”——大熊猫

熊猫自述

大家好，我是大熊猫，属于哺乳类动物。

相信大家都认识我。我的体型肥硕，耳朵是圆形的，圆圆的头，胖胖的身体，短短的尾巴，毛色黑白相间，“黑白分明”说的就是我了！

我走起路来摇摇摆摆，慢吞吞的，还有一对八字形黑眼圈，犹如戴了一副墨镜，大家都说我是一个时髦的家伙。我呀，既能吃又能睡，怪不得长这么胖。有“竹林居士”之称的我，最喜欢吃新鲜的竹叶和竹笋，在野外偶尔也吃肉。冬天我也不冬眠，还要到处找竹子吃呢！

现在我只在中国的四川、陕西和甘肃等地活动，非常珍稀，是国家一级保护野生动物。

我是中国的国宝，我作为友好使者访问了世界上许多国家和地区，受到世界各国人民的喜爱。

一、八百万年前就已经有大熊猫了

远古时代，大陆板块运动剧烈，印度洋板块冲向欧亚板块，把青藏高原“撬高”了，并且在青藏高原东南边缘挤压出很多“褶皱”，这些“褶皱”就是一座座山峦，山尖尖上铺满冰雪。“褶皱”间的缝隙就是山谷。大熊猫们最后就藏身在这些山谷里，而人类也只偶尔在山谷间瞥见这种古老的“黑白熊”。

横断山脉板块运动示意图

二、大熊猫的演化过程

远古时，地球经历过多次寒冷的冰期，每次冰期过去，气候都变得更冷一些。

从两三百万前开始，地球进入了第四纪冰川时期，树木为了适应寒冷的天气，便开始落叶。雪地里，竹子依然是绿的，饥饿的大熊猫为了生存开始吃竹子了，早期的人类也开始活跃在大地上。随着环境的恶化和人类的破坏，大熊猫的生存空间越来越小。

大熊猫的演化过程

三、大熊猫的成长历程

大熊猫一般一胎生一至两个宝宝，雌性大熊猫一生大概能生育 5 个小宝宝，熊猫宝宝先是跟着妈妈生活 2 年，后离开妈妈，找到自己的领地，独自生活。

大熊猫的成长历程

刚出生的小熊猫像一只粉色的小老鼠。熊猫妈妈不停地舔着它。熊猫宝宝是哺乳动物里的早产儿，极其弱小，让我们温柔地呵护它吧！

四、大熊猫的“伞护效应”

大熊猫国家公园的设立意味着过去未纳入保护区的地带将逐渐得到填补和连通，栖息于此的万物生灵也将得到一片完整、连续的家园。而为之“代言”的大熊猫则如同撑起了一把保护伞庇护着同区域的其他物种，这便是大熊猫的“伞护效应”作用，保护生物学上将这类物种称为“伞护种”。大熊猫被庇护后，保护区内的红腹锦鸡、金丝猴、羚牛、麝、珙桐等珍稀物种也随之得到了庇护，进而实现了保护生物多样性之目的。但不是所有动物都在保护伞之下的，雪豹、狼、豺虽然和大熊猫生活在同一片山地，却还是越来越少。从 20 世纪 60 年代至今，95% 的豺从大熊猫所在的自然保护区消失了，没有顶级捕食者，整个生态环境是不完整的。豺虽然并不像大熊猫那样软萌可爱，但同样值得人们关心和帮助。

金丝猴　羚牛

岩羊　小熊猫

辨认动物足迹

园区内时常会有各种小动物走过留下的足迹，我们通过动物前脚和后脚的形状、脚趾数目，以及爪子是否有指甲，可以确定访客是谁。最常见的是猫、狗、啮齿动物、鼬科动物。

我们一起来认识一下它们的足迹特点吧。

现在请将你寻找到的动物的足迹记录在下面的方框中，并且判断一下是哪些动物来过！

我寻找到的动物足迹：

我认为它们是：

理由是：

第二节

被时间遗忘的物种——银杏

银杏自述

大家好，我是一种古老的植物——银杏，我被称为植物界的“活化石”。目前，在我的家族“银杏门—银杏纲—银杏科—银杏属”中，只有我这一个品种了，也就是说我没有任何亲属存活于世了，我一旦灭绝就代表着银杏门家族彻底灭绝，所以要好好保护我哦！

我沉着而优雅，古朴而坚强。我最早出现于3亿多年前的石炭纪，曾广泛分布于北半球的欧洲、亚洲和美洲，中生代侏罗纪也曾广泛分布于北半球，但从白垩纪晚期开始衰退。至50万年前，我在欧洲、北美洲和亚洲绝大部分地区灭绝，只有生长于中国的我存活了下来，已被列入国家一级保护野生植物。

我的树干挺拔，树形优美，春夏季叶色嫩绿，秋季变为黄色，颇为美观。我的果实不仅可以食用，还有药用价值。

下面就来了解一下我这颗古老的“活化石”吧！

一、银杏的形态特征

银杏是落叶大乔木，胸径可达4米，幼年及壮年树冠为圆锥形，老年则为广卵形。

幼树树皮为浅灰色，大树树皮为灰褐色。一年生长枝为淡褐黄色，二年生及以上枝变为灰色；短枝黑灰色。

银杏叶为扇形，有细长的叶柄，两面为绿色，无毛，在秋季落叶前变成黄色。叶互生，在长枝上螺旋状散生，在短枝上3～8叶簇生。

银杏的球花雌雄异株，单性，生于短枝顶端的鳞片状叶的腋内，呈簇生状。雄球花葇荑花序状，下垂，雄蕊排列疏松，具短梗，花药常两个，长椭圆形，药室纵裂，药隔不发。雌球花具长梗，梗端常分两叉，稀的 3 ～ 5 叉或不分叉，每叉顶生一盘状珠座，胚珠着生其上。通常仅一个叉端的胚珠发育成种子，内媒传粉。它的雄花花粉萌发时仅产生两个有纤毛会游动的精子。银杏的花期在 4—5 月。

银杏的种子，即银杏果，又名白果，椭圆形或近球形，长 25 ～ 35 毫米；外种皮肉质有臭味，成熟时呈黄色或橙黄色；中种皮骨质，呈白色；内种皮膜质，呈淡红褐色；胚乳肉质，呈胚绿色。果期在 7—10 月。

温馨提示

需要注意的是，银杏果具有毒性，不可多吃或是直接生食，婴儿勿食。一般中毒剂量为 10 ～ 50 颗，儿童生吃 7 ～ 15 颗就会引起中毒。一旦出现中毒症状，要及时到医院就诊。

食用白果预防中毒的方法就是在食用前先在清水中浸泡 1 小时以上，之后将其煮熟，方可食用。不过煮过的白果，其毒素仍未完全受到破坏，仍旧不可过多食用。

二、银杏的生长习性

银杏是喜光树种，深根性，喜欢湿润并且排水性良好的土壤，能在高温多雨及雨水稀少、冬季寒冷的地区生长，但生长缓慢。

三、野生银杏的生存危机

银杏具有许多原始性状，对研究裸子植物系统发育、古植物区系、古地理及第四纪冰川气候具有重要价值。银杏记录了地球亿万年的变化史，经受住了巨大的气候变化和海陆变迁的严峻考验。曾经称霸地球的恐龙早已不复存在，而银杏依然茁壮生长在今日的地球上，默默讲述着沧海桑田、岁月轮回的故事。

而现如今，野生银杏的生存状况并不好，原因是和银杏共生的动物们已经消失了，银杏的果实对于哺乳动物而言具有轻微的毒性，所以哺乳动物很难帮助它们传播种子，而鸟类又难以吞下银杏果，以至于它们的种子只能落到母株周围。

互动体验

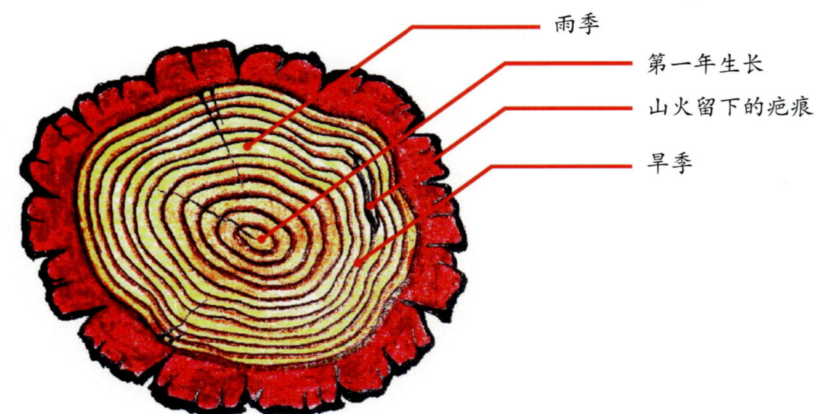

1. 读取年轮气候圈

我们不仅可以从树木的年轮看出其年龄，还可以从树木年轮的宽度了解过去的气候情况：窄环说明当时气候干旱，宽环说明当时树木的生长环境良好。

2. 自由创作“年轮”

请在右侧的方框中自由创作一棵树的“年轮”，然后跟身边的小伙伴讲述一下你创作的“这棵树”的一生。

创作“年轮”

来自冰川时代的“鸽子花”——珙桐

珙桐自述

大家好，我是中国特有的第三纪古热带植物区系孑遗植物——珙桐。在第四纪冰川时期，我在大部分地区相继灭绝，只在中国南方的一些地区幸存了下来。

我已被列为国家一级保护野生植物，为中国特有的单属植物，属孑遗植物，也是植物界的“活化石”。

我的花形很独特，两片洁白的大花瓣就像白鸽的一对翅膀，远远看去仿佛是树上停落的白鸽，所以我又被誉为“中国鸽子树”。

我有和平的象征意义，已经被各国所引种，成了世界著名的珍贵观赏植物。

一、珙桐的形态特征

珙桐是蓝果树科珙桐属落叶乔木，高 15 ～ 20 米，稀时可达 25 米。

叶纸质，互生，无托叶，常密集于幼枝顶端，呈阔卵形或近圆形，长 9 ～ 15 厘米，宽 7 ～ 12 厘米，顶端为急尖或短急尖，具微弯曲的尖头，基部为心脏形或深心脏形，边缘有三角形的尖锐粗锯齿，上面亮绿色，初被很稀疏的长柔毛，渐老时无毛，下面密被淡黄色或淡白色的丝状粗毛。

珙桐的两性花与雄花同株，由多数的雄花与一个雌花或两性花成近球形的头状花序，基部具纸质、矩圆状卵形或矩圆状倒卵形花瓣状的苞片 2 ～ 3 枚，初淡绿色，继变为乳白色，后变为棕黄色而脱落。雄花无花萼及花瓣，花药紫色。雌花或两性花具下位子房。果实为长卵圆形核果。珙桐的花期在 4 月，果期在 10 月。

珙桐的头状花序

珙桐的白色苞片

珙桐的叶片

珙桐的果实

二、苞片罩衣“鸽子花”

春夏交替之际是珙桐开花的时节，远远望去，一树的白花迎风飞舞，仿佛结伴的鸽群在空中翱翔，非常壮观，似乎在传递着中国人民期盼世界和平的愿望。

然而，这漂亮的“鸽子花”并不是珙桐真正的花，而是两片自然下垂的白色花瓣形状的苞叶。它由叶片变异而来，是一种变态叶。真正的花是藏在这两片白色苞叶下的点状紫红色小花，这些花聚集在一起，像一个棕红色的小圆球。

除了白色的苞片，2016 年 4 月，生物学家首次在四川省宜宾市珙县王家镇发现了近 20 株苞片为粉红色的珙桐，其叶片呈淡淡的猩红色。

珙桐的花小而不起眼，而它的大苞片醒目易见，在保护花粉不受雨水打湿的同时，吸引着昆虫前来采蜜授粉，以完成繁衍过程。

三、光叶珙桐

常与珙桐混生的还有光叶珙桐，它是珙桐的变种，与原变种的区别在于光叶珙桐叶下面常无毛或幼时叶脉上覆盖很稀疏的短柔毛及粗毛，有时下面覆盖白霜。

光叶珙桐（左）和
珙桐（右）叶片正面对比

光叶珙桐（左）和
珙桐（右）叶片背面对比

光叶珙桐的种子

光叶珙桐的苞片

四、珙桐的生长习性

珙桐喜中性至微酸性且富含腐殖质的山地黄壤，忌热，较耐寒，不耐瘠，不耐旱，喜凉爽湿润及潮湿多雨的环境。

五、珙桐的生存危机

近年来，由于全球气候的变化、森林被砍伐破坏及野生苗被挖掘移植，珙桐现有的自然种群数量不断下降，分布范围日益缩小，现野生种仅分布于我国西南亚热带山区。再者，珙桐的种子休眠期长，在自然状态下种子损耗大，且萌发受诸多因素制约，导致发芽率极低，一般只有在海拔1000米以上的山区才能自我繁殖。珙桐果核壁厚而坚硬，果核中大多数仅有1～3枚种子发育成熟，虽然胚内无抑制物质存在，但是大多数胚发育一定时间后会出现停止生长的情况，这就是败育现象。严重的败育现象，也大大降低了种子的发芽率，种子也很难突破果皮发育成苗。

互动体验

1. 测量树龄

随着新木质在树皮下不断生长，树一年比一年粗壮。树种不同，树的粗度或者叫“周长”的增加速度也有所不同，不过我们可以通过某种树木粗度的平均值计算出其大概的树龄。

需要准备的工具：

软尺、大树、笔、纸和计算器。

操作步骤：

◆确定你想测量的树，从距离地面1.3米的高度用卷尺围绕树干一圈测量，以厘米为单位记录测量出的数据。

◆一旦确定了这棵树的品种和“周长”，你就可以通过这一树种的平均年生长量计算它的大致树龄了。（树龄＝周长除以年生长量）

◆一些常见树种的年生长量如下：英国栎为1.5厘米，黄杉为7厘米，欧洲赤松为1厘米，欧亚槭为2.5厘米。

2. 和树木拥抱，跟大自然交朋友

拥抱一下你的新树木朋友——珙桐，并且在下面的方框中，为你的这位新朋友绘制一张名片卡吧！

绘制名片卡

第三章 珙桐树下的生命

放眼远眺，大熊猫国家公园汶川园区郁郁葱葱，映入眼帘的不仅有高大的珙桐，还有枝叶茂密、高矮不同的生命们，它们都是谁呢？又是怎样与珙桐一起生活的呢？科学家们对它们进行了大量的研究，让我们一起来看看吧！

第一节

天然的实验室

大熊猫国家公园汶川园区植物资源种类繁多，在海拔 1200 ～ 2200 米的阔叶林中，有以细叶青冈、蛮青冈、全苞石栎等常绿阔叶树种，亮叶桦、多种槭树、枫杨、珙桐、水青树、领春木、连香树、圆叶木兰等落叶树种组成的常绿阔叶与落叶阔叶混交林。

一、生态大家庭

大熊猫国家公园汶川园区有全国独有的、成片分布的野生珙桐林。与其伴生的有水青树、连香树和其他属于国家重点保护的珍稀树木 20 余种。栖息于常绿、落叶阔叶混交林的红腹锦鸡、勺鸡、环颈雉、山斑鸠、黑枕黄鹂、松鸦、红嘴蓝鹊、红嘴相思鸟等鸟儿让这片净土变得生动活泼。在这片沃土中生长的包括天麻、贝母、猪苓、党参、当归等名贵药材在内的药用植物有 800 多种，还有在丛林间穿梭的藏酋猴、毛冠鹿、水鹿、中华鬣羚、川西斑羚、须鼠耳蝠、岩松鼠、中华竹鼠等野兽也给幽静的森林增添了几分灵动。地上随处可见的变黑蜡伞、晶粒鬼伞、裂褶菌、皂味口蘑、多孔菌菌种仿佛一个个小精灵，有的躲在枯木下，有的藏在树后。当然，还有看不到的微生物，与它们共同生活在一起，就像一个大家庭，园区就是它们的家，它们彼此依赖，共同组成了一个动态平衡的“生活系统”，那就是生态系统。

猕猴

红腹锦鸡

藏酋猴

毛冠鹿

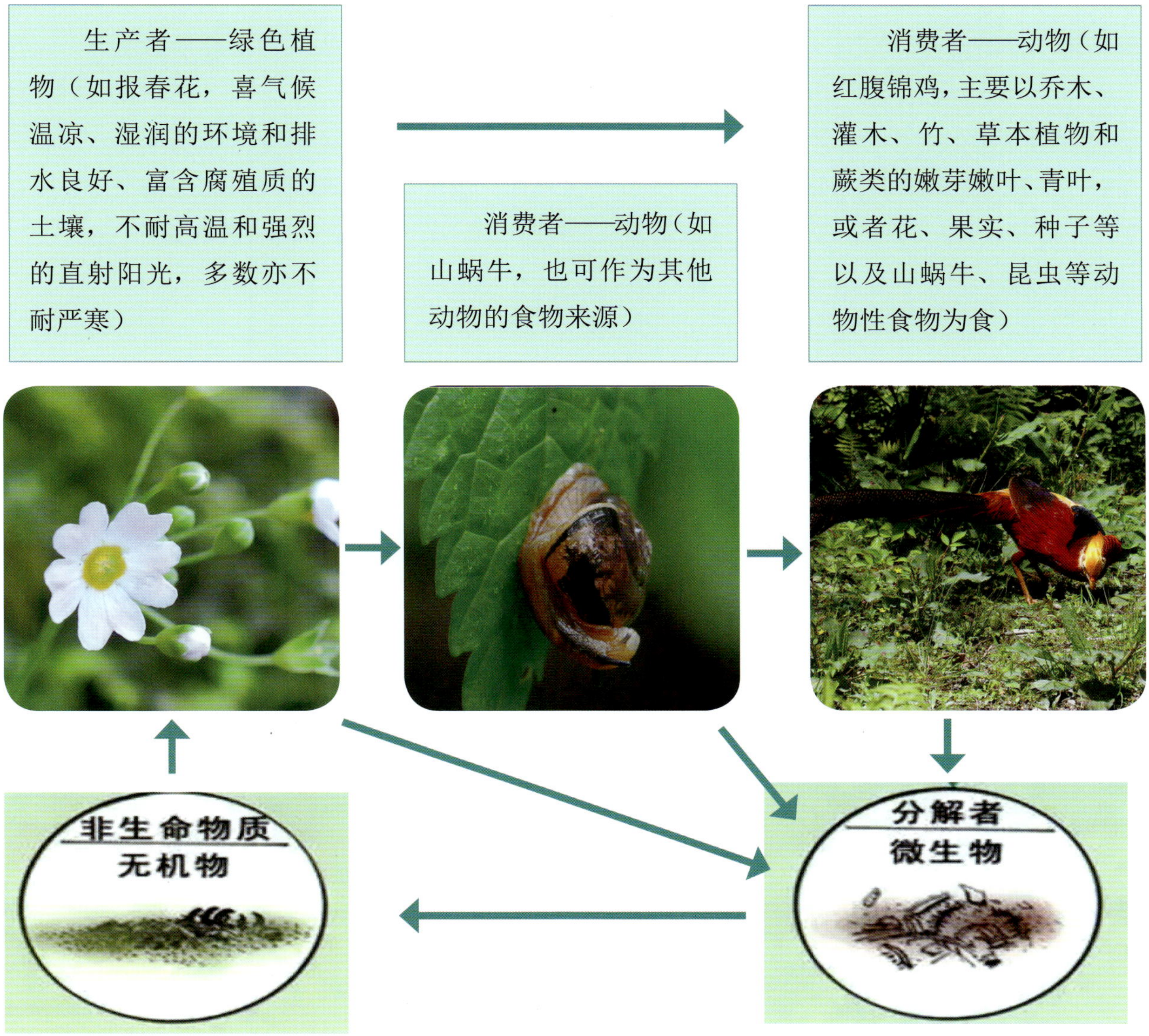

生产者——绿色植物（如报春花，喜气候温凉、湿润的环境和排水良好、富含腐殖质的土壤，不耐高温和强烈的直射阳光，多数亦不耐严寒）

消费者——动物（如山蜗牛，也可作为其他动物的食物来源）

消费者——动物（如红腹锦鸡，主要以乔木、灌木、竹、草本植物和蕨类的嫩芽嫩叶、青叶，或者花、果实、种子等以及山蜗牛、昆虫等动物性食物为食）

非生命物质
无机物

分解者
微生物

大熊猫国家公园汶川园区的生态系统示例

二、植物研究

在特殊的自然条件影响下，大熊猫国家公园汶川园区这个大生态系统里，保存了多种珍稀、孑遗生物，不仅有珙桐、连香树、红花绿绒蒿等珍稀濒危植物，还有国家重点保护植物红豆杉、岷江柏木、圆叶木兰等，以及我国特有植物香柏、密枝圆柏、粗榧、峨眉冷杉和四川红杉等也在这里生活着。这里物种丰富，是古老的第三纪古热带和温带植物群的衍生物和植物种再度分化的策源地，保存有世界同纬度地区原始的亚热带阔叶林生态系统，有“亚热带植物基因库”之称。当我们走进珙桐林，会发现这里不只有像珙桐这样高大的树木，还有一些枝丫丛生的灌木及根茎柔软的草本。你看，灌木层中除了卵叶钓樟，另有少量的少花荚蒾、多鳞杜鹃、狭叶花椒、腊莲绣球、蕊帽忍冬等。在草本层中，中华秋海棠的数量较多，其次是黄金凤、粗齿冷水花、苔草、革叶耳蕨等植物。

珙桐林里高低错落的植物分布

这里还有哪些植物？植物之间是怎样布局的？又为什么会呈现这样的分布状态？一起来看看，专家有妙招！

在这个科学研究的天然实验室中，专家根据大熊猫国家公园汶川园区的自然环境及植被特点，设计并布置了垂直方向的样线。在样线上，专家可以对植被分布进行调查，调查时他们往往沿着样线，由低至高行进，直至植被分布的上限，分别记录不同植被类型及其分布的范围。调查发现，大熊猫国家公园汶川园区植被类型众多，主要有阔叶林、针叶林、针阔叶混交林、灌丛草甸等植被类型。与样线不同的是固定样地，它是用来对植被及植物资源进行长期监测。根据样线调查发现的珍稀植物分布区及植被垂直分带，在高、中、低海拔段分别设置不同植被类型监测固定样地，以此来对植物资源进行长期的监测。

固定样地

第二节

调查珙桐林

在对这片天然的珙桐林中的珙桐及其周边的植物进行调查时，专家常常采用样方法。样方法是适用于乔木、灌木和草本的一种最基本的调查取样方法，用来估算植物种群密度，即在一定空间范围内同种生物个体同时生活着的数量。当然，样方法不仅适用于植物的调查活动，还适用于活动范围不大的其他生物，如对昆虫卵的密度的取样调查、对松毛虫的调查等。

一、乔木、灌木和草本介绍

1. 高大的乔木

具有明显直立主干，多次分枝，树冠广阔，一般明显地分为树冠和枝下高两部分，成熟植株高在 3 米以上的多年生木本植物就叫乔木。乔木按冬季或旱季落叶与否又分为落叶乔木和常绿乔木。每年的秋天、冬季或在干旱时节，叶子会全部脱落，那自然是落叶乔木了。常绿乔木叶子的寿命是两三年或更长，并且每年都会有新叶长出，在新叶长出时也会有部分旧叶脱落，由于是陆续更新，所以一年四季都能保持常绿。

乔木

2. 丛生的灌木

主干不明显、高不及 5 米、分枝靠近地面的木本植物，就是灌木，如月季、荆条等。从近地面的地方就开始丛生出横生的枝干，一般为阔叶植物；也有一些针叶植物是灌木，如刺柏。如果越冬时地面部分枯死，但根部仍然存活，第二年继续萌生新枝，则称为半灌木，如一些蒿类植物。

3. 柔软的草本

具有木质部不甚发达的草质或肉质的茎，而其地上部分大都于当年枯萎的植物就是草本。高大的乔木与丛生的灌木的树干都有非常强的支持力量，与它们不同的是，草本的茎多汁，非常柔软。如果在显微镜下看，你能发现草质茎的茎中密布很多相对细小的维管束，充斥维管束之间的是大量的薄壁细胞，在茎的最外层是坚韧的机械组织。另外，草本的维管束不具有形成层，不能不断生长，所以草本不像树会逐年变粗。

灌木

地被

二、样方法调查

样方法调查时，通常是在珙桐的生存环境样线上布设 30 米 ×30 米的样方，调查样方所处的地理位置、生境类型、植物群落名称①、种类组成、郁闭度②等。对样方内的乔木、灌木及草本分别调查如下信息：

对样方内所有 DBH③ ≥ 5 厘米（幼龄林 DBH ≥ 2 厘米）的乔木进行每木调查，鉴定其种类，测定其胸径、树高等；

在样方中沿对角线梅花状设置 5 个 5 米 ×5 米的样方（用五点取样法），记录灌木（DBH ＜ 5 厘米，高度＞ 50 厘米）的主要种类、多度④、盖度⑤。（注：高度小于 50 厘米的小灌木，归为草本层。）

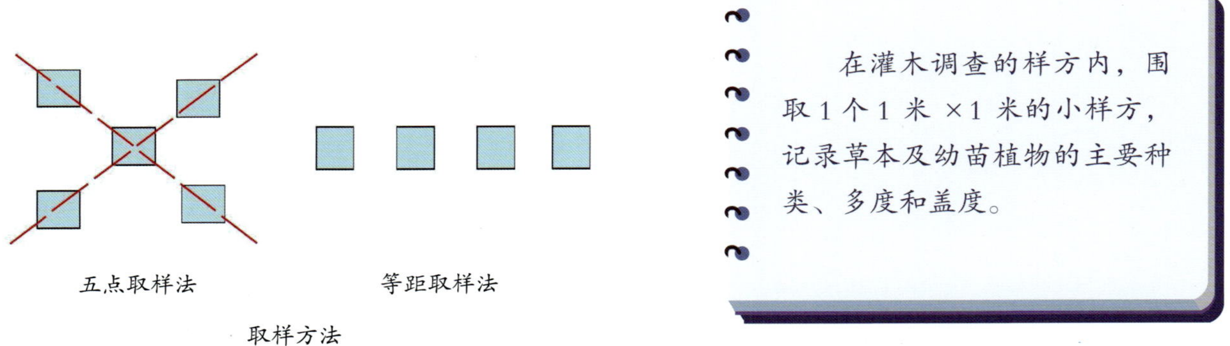

取样方法

① 植物群落是指生活在一定区域内所有植物的集合。

② 郁闭度是指森林中乔木树冠遮蔽地面的程度。

③ DBH 为植物的胸高直径，即树干距地面以上相当于一般成年人胸高部位的直径。我国把植被的胸高位置定为地面以上 1.3 米高处。

④ 多度是对物种个体数目多少进行估测的指标。

⑤ 有时盖度也称为优势度，是指植物地上部分垂直投影的面积占地面的比率，反映植被的茂密程度和植物进行光合作用面积的大小。。

三、生命群落

在大熊猫国家公园的野生珙桐林这个生态系统中，有充足的阳光、水以及新鲜的空气，珙桐与桦木科、胡桃科、槭树科以及山毛榉科、樟科的树种一起生长，遮天蔽日，欣欣向荣。在阴湿的自然条件下，猕猴、藏酋猴、雪豹、红腹锦鸡、水鹿等偏爱湿热环境的野生动物，在林间和灌丛中自由地往来穿梭。林下茂盛的竹林，则是大熊猫赖以生存的口粮。地面散落的枯木、落叶层上的侧耳、青顶拟多孔菌、密粘褶菌、金耳等木腐菌类，以及长在珙桐树干上的青苔，无一例外地依赖着这个大环境以及它周边的生命们。密林之间，动物繁衍生息，植物欣欣向荣，一片生命的乐土已铺展在眼前。

珙桐树下的生命

当然，在大熊猫国家公园汶川园区中，不止有成片的珙桐林，还有因地形、环境气候的变化而形成的不同的植物群落。其中曼青冈林分布面积较广，不同的曼青冈林群落里的植物种类都是一样的吗？它们的分布又有什么不同？我们一起来了解一下吧！

1. 曼青冈林

在大熊猫国家公园汶川园区中，曼青冈林主要分布于金波河、正河、草坝河海拔 1500 ～ 2100 米一带的山麓和山腰坡地，一般坡度为 35°～ 60°。坡度在 50°～ 60°时，土层瘠薄，土壤较干燥，草本层和林内最下层、覆盖在地表上的植物稀少，地面枯枝落叶分解较差，林木更新幼苗较少。坡度在 35°～ 45°的半阳、半阴坡，林内较湿润，草本层和林内最下层、覆盖在地表上的植物种类较丰富，枯枝落叶层分解良好，腐殖层和土层较厚，林木幼苗种类和数量较多，自然更新良好。

“曼青冈＋疏花槭－拐棍竹”群落和“曼青冈＋红桦－油竹子”群落就分布在坡度较高且土层较贫瘠的地段。即便如此，环境微弱的差别也导致它们群落内的植物分布有较大的差别！

坡度在 35° ～ 45° 时，物种较丰富

2. 群落环境与外貌差异

“曼青冈＋疏花槭－拐棍竹”群落，乔木层以曼青冈占优势，次优势种为疏花槭，灌木层以拐棍竹为优势种；外貌深绿色与绿色参差，林冠较为整齐，成层现象明显；分布在大熊猫国家公园汶川园区赤足沟铁杉杠海拔2000米的山腰坡地，坡向北偏东30°，坡度45°；土壤为泥盆系的石英岩、千枚岩等母岩上发育形成的山地黄棕壤，土层较薄，岩石露头较多，林内较为干燥；枯枝落叶层分解较差，覆盖率为60%。

“曼青冈＋红桦－油竹子”群落，乔木层以曼青冈占优势，次优势种为红桦，灌木层以油竹子为优势种；春夏季时外貌夹杂绿色斑块，树冠较整齐，成层现象明显；分布在大熊猫国家公园汶川园区长河坝海拔2000米的山麓西南坡，坡度50°；土壤为泥盆系的石英岩、千枚岩等母岩上发育形成的山地黄棕壤，土层较薄，岩石露头多，草本层和藤本植物贫乏；枯枝落叶层分解不完全，覆盖率为50%。

3. 乔木分布差异

两个群落均以曼青冈占优势，不同的是“曼青冈＋疏花槭－拐棍竹”群落中曼青冈高18～20米，胸径25～40厘米，而“曼青冈＋红桦－油竹子”群落中曼青冈平均高仅13米，最大胸径为18厘米，平均胸径只有15厘米。优势物种曼青冈的树高和胸径不同，“曼青冈＋疏花槭－拐棍竹”群落中曼青冈更高大粗壮，平均高出6米，胸径差16厘米。

在两个群落的第一亚层中，其他物种的种类皆不相同。其中“曼青冈＋疏花槭－拐棍竹”群落中次优势种为疏花槭，郁闭度为0.3，高16～18米，胸径20～30厘米，另有灯台树、扇叶槭、青榨槭、野漆树、华西枫杨、椴树、野核桃等，郁闭度共为0.15；“曼青冈＋红桦－油竹子”群落中次优势种为红桦，郁闭度为0.3，最高13米，平均高11米，最大胸径25厘米，平均胸径20厘米，另有白桦、五裂槭、鹅耳枥、珙桐等，郁闭度共为0.1。两个群落的次优势物种不同，分别是疏花槭和红桦，且疏花槭与其群落中的曼青冈一样，与红桦相比偏高一些，平均高出5米。

在两个群落的第二亚层中，树高也不相同。“曼青冈＋疏花槭－拐棍竹”群落第二亚层高10～13米，以领春木较多，另有圆叶木兰、亮叶桦、水青树、壮丽柳、连香树等，郁闭度为0.1。“曼青冈＋红桦－油竹子”群落第二亚层高仅6～10米，有簿叶山矾、猫儿刺、化香、水青冈、领春木等，郁闭度共为0.1。两个群落的第二亚层都有领春木，但前者领春木数量较多，也更高。

乔木分布差异图

4. 灌木分布差异

“曼青冈＋疏花槭－拐棍竹”群落灌木层，垂直方向的分布较分散，从 0.8 ～ 6.5 米均有分布，总盖度 70%。第一亚层以拐棍竹为优势种，高 4 ～ 6.5 米，盖度为 50%，其次有卵叶钓樟、少花荚蒾、腊莲绣球、藏刺榛、四川栒子、四川蜡瓣花等，盖度为 13%；第二亚层高 0.8 ～ 2 米，有棣棠、蕊帽忍冬、甘肃瑞香、鞘柄菝葜、羊尿泡等，盖度为 15%。

“曼青冈＋红桦－油竹子”群落灌木层，高 1 ～ 5 米，总盖度为 60%；以高 2.5 ～ 3 米的油竹子占优势，盖度为 40%；其次为卵叶钓樟，盖度为 10%；另有少量的少花荚蒾、多鳞杜鹃、狭叶花椒、腊莲绣球、蕊帽忍冬等，盖度为 10%。

在灌木层中，两个群落都生长有卵叶钓樟、腊莲绣球。相比较而言，“曼青冈＋疏花槭—拐棍竹”群落的物种更丰富，植被更茂密。

油竹子

拐棍竹

群落中灌木优势物种展示图

5. 草本分布差异

“曼青冈＋疏花槭－拐棍竹”群落草本层，也是分层明显，从高 20 ～ 100 厘米均有分布，总盖度 30%。第一亚层高 50 ～ 100 厘米，以掌裂蟹甲草为优势种，盖度为 15%，另有大叶冷水花、双花千里光、荚果蕨等，盖度共为 5%；第二亚层高 20 ～ 40 厘米，以丝叶苔草数量最多，另有大羽贯众、掌叶铁线蕨、大叶三七、囊瓣芹等，盖度共为 10%。

掌裂蟹甲草
群落中草本优势物种展示图

中华秋海棠
群落中草本优势物种展示图

与“曼青冈＋疏花槭－拐棍竹”群落草本层相比，“曼青冈＋红桦－油竹子”群落草本层高度偏低，高 5 ～ 70 厘米，总盖度为 15%，以高 5 ～ 15 厘米的中华秋海棠数量较多，盖度为 5%；其次有高 70 厘米的黄金凤、粗齿冷水花、苔草、革叶耳蕨等，盖度为 10%。

同样也看得出，“曼青冈＋疏花槭－拐棍竹”群落草本层较繁茂，空间布局更广阔，植物种类也更多。

在“曼青冈＋疏花槭－拐棍竹”群落与“曼青冈＋红桦－油竹子”群落的比较中发现，不论是乔木层、灌木层还是草本层，前者的植物种类更多，空间布局更广，植被更繁茂。两个曼青冈林因环境细微的差异，就呈现出了群落外貌、植物高度等均不同而又同样精彩的生物群落，这只是大熊猫国家公园的万千分之一。

大熊猫国家公园的群山峻岭，因其不同地段的小气候，形成了一个个不同的生命群落，在原有自然保护区的基础上，大熊猫国家公园以“一己之力”，将自然保护区、自然保护小区、森林公园、风景名胜区、地质公园、自然遗产地和水利风景区等 7 类 81 个自然保护地和 71 个国有林场林区连接成片，使整个大熊猫国家公园鲜活了起来。

与此同时，大熊猫国家公园填补了原先各自然保护区之间的空白。过去未纳入大熊猫国家公园的地带，将逐渐得到填补和连通，栖息于此的万物生灵也将得到一片完整、连续的家园。而为之“代言”的珙桐，则如同撑起了一把“保护伞”庇护着同区域的其他物种，使大熊猫国家公园成为野生动植物的避难所、自然博物馆、野生生物物种的基因库。这便是珙桐的“伞护”作用，让这里的生态系统变得越来越完善，也让生态系统大家庭的每一份子都得到庇护。

1. 辨别乔木、灌木和草本

乔木、灌木和草本之间有着很大的不同。大熊猫国家公园汶川园区中还分布着许多珍稀植物，你发现它们了吗？它们分别属于哪种植物？来连一连吧！

空白方框，希望你来填补，再看看它们到底是乔木、灌木还是草本。

卵叶钓樟	腊莲绣球	油竹子	粗齿冷水花	中华秋海棠

（空白）				（空白）
（空白）	乔木	灌木	草本植物	（空白）
（空白）				（空白）

蛮青冈	连香树	圆叶木兰	珙桐	五裂槭

2. 探寻生命

珙桐林中千千万万的生命共同生活在这片乐土中。当你走进林中，你还能发现哪些精彩之处？你是喜欢阴暗潮湿的山蚂蟥，还是喜欢随处可见的野绣球？它们又是怎样错落有致地生活在珙桐林中的？将你看到的珙桐林画一画吧！让大家看到珙桐树下生命的繁盛。

共绘珙桐林

3. 样方法调查体验

乡间绿野中，生活在一个区域的不同植物就构成了一个大家庭。这个大家庭中都有谁？谁的数量最多？如果你有类似这样的问题，你也可以在保证环境安全的前提下，进行样方法调查。

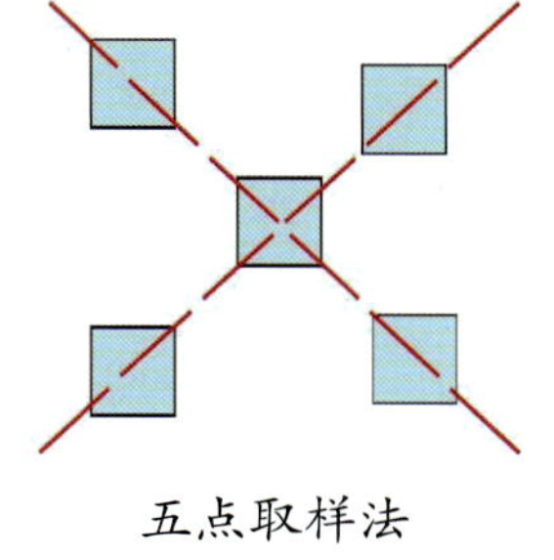

五点取样法

（1）确定调查对象，确认样方大小：乔木 30 米 ×30 米，灌木 5 米 ×5 米，草本植物 1 米 ×1 米。

（2）选取样方：必须选择一个该种群分布较均匀的地块，使其具有良好的代表性；采用五点取样法确定样方。

（3）计数：计数每个样方内该种群数量。首先要计数样方内部的个体，对于处在边界上的植株，应该只计数相邻两条边上的植株，不应4条边上的植株都计，也不能4条边上的植株都不计。一般来说，记上不记下，记左不计右。

样方法调查记录表

样方号	植物种类	植物名称	植物数量	调查员

（4）计算：取所有样方中种群数量的平均数。通过计入每个样方内的个体数，求得每个样方的种群密度，以所有样方种群密度的平均值作为该种群的种群密度。

这些植物与这里的动物、微生物生活在一起，并与它们的生存环境共同形成动态平衡的状态，这就是生态系统。在珙桐的“伞护效应”下，周边其他的物种也在这个稳定的系统内被保护着，这不仅是保护了当地的生物多样性，而且使保护区生态系统的自我调节能力越来越强，生态系统内的物资循环、能量流动、信息传递将保持相对稳定状态，保护区内生物物种多样性、遗传多样性和生态多样性将得到保护和发展。

第四章

绿水青山的“守护神”

大熊猫国家公园汶川园区的崇山峻岭间，是动物、植物生活的乐土，无数珍稀的物种在这里繁衍。这里是人类共同的生物宝库，但它仍会面临盗猎盗采、森林火灾等危害。是怎样的一群人在与林为伴，关注、关爱、守护着这一方天地的美好？

第一节

生态护林监测调查员

一、他是谁?

王旭平，他是众多生态护林监测调查员中的一员，我们都叫他老王，他家就在汶川县席草村的半山腰上，他深深地热爱着这片山林。他能在陡峭的山路上健步如飞，他熟悉这里的一草一木，能轻松地辨认各种野生动物的粪便和足迹。

生态护林监测调查员

生态护林监测调查员，是指从事自然保护区野外生态环境巡护、有害生物监测预警、防治减灾及应急处置、数据收集管理、社区共管及日常管理等工作的专业人员。他们通过对固定巡护线路和临时巡护线路的检查，按照人为活动对自然资源的干扰和破坏程度，及时发现、制止、报告破坏自然资源的行为；收集各种相关数据；对动植物资源进行监测，记录发现的珍稀植物及其生长变化情况，分析野生动植物种群数量和分布，预测资源变化趋势；检查护林防火工作，处理火灾隐患，进行计划烧除；在森林防火期，进行防火宣传、预防和检查工作；查看界桩、标志、宣传牌和各种科研设施。

二、做什么？

老王的工作内容很多很繁杂，而且每一样都非常重要。

1. 生态环境巡护[①]

巡护是自然保护区最基本、最重要的工作。巡护的目的是：一是制止非法偷猎、盗伐、放牧、开荒，确保自然保护区的保护规章得以有效实施；二是监测自然保护区的生态系统。

巡护包括定期巡护、随机巡护和重点巡护三种。开展时要合理利用三种巡护方式，依照不同的情况，将发生的问题进行等级划分，对问题的频发区进行定期巡护，在事故易发地点进行连续固定的巡护路线检查；当林区内的社情发生变化和火灾发生频率较高时，就要采用随机巡护的方式；重点巡护主要是应用于紧急突发事件，要求巡护人员具备一定的应急素质，能够对问题及时做出反应，阻止破坏现象的出现。

为保证巡护工作的良好开展，需要把握巡护时间，规划最佳的巡护路线。要抓住巡护关键时间，在尊重生态规律的前提下科学地安排巡护工作，并不断地创新巡护方法，利用信息技术等先进手段提高巡护工作的效率。

① 王俊玲．探究国家级公益林工程中的森林巡护工作及具体做法 [J]. 农民致富之友，2018（1）：1.

2. 护林防火①

（1）设置防火隔离带

为了能够有效保证森林的安全，在面积较大的林区合理规划防火隔离带，并保证其设置的规范性，使林区能够被直接分为若干块，这不仅能有效防范火灾，还能有效阻止林火蔓延。一般情况下，森林防火隔离带的设置是根据林地的实际情况和当地的地形来确定的，宽度设置范围通常是40～60米。整个山区的防火隔离带走向应当与山脊线走向一致，在与林区主导风向垂直的最前端设置森林防火隔离带，受保护的森林面积最大，能起到从火源处防止火势蔓延的作用。

当下的隔离防火带建造技术中，主要有两种方式：一种是设防火线，二是营造阔叶树防火林带。

开设防火线，就是在进行造林设计时，直接留出建设防火线的位置，或是按照相关要求开辟防火线，每年到了防火期时，便安排专门的工作人员到这里人工铲除杂草，或直接使用化学药剂将杂草除掉。这样的防火带建设能将原本面积较大的森林划分成较为独立的小面积森林，一旦发生火灾，可以及时将火势控制在一定范围之内，以便于更好地完成救火灭火工作。

营造阔叶树防火林带，就是在进行造林设计时，可以在山脊防火隔离带上直接完成耐火阔叶树林带的栽种，也可以利用山沟、山谷原本便生长而成的阔叶树改造成阔叶树防火林带。该方式不但能够有效阻止林火的大面积蔓延，减小火势，方便地面操作人员扑打火苗，还能将大风卷起的火球碎化成小火星，小火星飞到空中之后便会熄灭。

① 隋志丹．加强林业防火巡查巡护　构建和谐林区[J]．农民致富之友，2020（9）：1.

一般情况下，主要选择第二种方式来完成隔离防火带的建设。阔叶树防火林带不但能够有效防火，还能使当地的林木覆盖率不断提升，为当地创造一定的经济效益。在建设阔叶树防火林带时，要根据当地实际情况选择适合的树木，保证树木枝繁叶茂。

（2）加强森林抚育管理

重视森林抚育管理是预防森林火灾的有效措施，为了有效预防天然林发生火灾，应当对其及时进行抚育管理。清除森林之内存在的可燃物，合理调整林木的密度及林木的结构，使整个森林形成良好的环境，降低天然次生林发生火灾的概率，真正达到防御森林火灾的目的。

（3）重视基础设施建设

除上述内容之外，还需要重视对森林中基础设施的建设。林业部门应当积极安排专业人士，在森林适合地方安装监控仪器、火灾警报器等，一旦出现任何问题，可以利用这些高科技仪器及时察觉火灾出现的地点，并安排专业人士前往救助。

3. 防护次生灾害

许多自然灾害，特别是等级高、强度大的自然灾害发生以后，常常诱发出一连串的次生灾害，这种现象称为灾害链。灾害链中最早发生的起作用的灾害称为原生灾害，而由原生灾害所诱导出来的灾害则称为次生灾害。

在灾害发生前进行预判，就能提前做好准备，降低灾害带来的危险。

4. 安防红外相机

选取林区内野生动物活动频繁地点作为红外相机布设点，按照海拔梯度将相机布设于野生动物的栖息点、饮水点、途经道等地点，将红外相机用绳索固定在较粗的乔木上离地面 80 厘米的位置，以成人趴地全身入镜为标准进行调试，视场内无杂草、灌木等，以降低相机的误拍率。

像老王这样的林业工作者还有很多很多，他们在充满各种未知危险的森林中行走，寒冷的冬天在高山行走，炎热的夏季在充满各种蚊虫和蚂蟥的森林中穿梭。正是这些人，像“守护神”一样，守护着大熊猫国家公园绿水青山的美好。

第二节

一次监测工作

老王所在的大熊猫国家公园汶川园区，位于邛崃山系北部东坡缘、岷江中游北岸，四川盆地向青藏高原过渡的高山峡谷地带，地处汶川县城西南部草坡河流域。园区东以绵虒镇为界，西与卧龙自然保护区毗邻，南和沙排、金波、三关庙村紧靠，北同米亚罗自然保护区（汶川、理县）接壤，位于我国野生大熊猫分布的邛崃山系中心地带。

为了长期收集和分析野外大熊猫 DNA 样品，建立大熊猫个体信息库，提高对大熊猫种群情况的掌握程度，进一步了解大熊猫种群的遗传多样性，逐步实现大熊猫野外种群的精细化管理，每年老王都会和队友们一起进行动态监测工作。

一、监测技术方法

第四次全国大熊猫调查结果显示，草坡保护区有大熊猫 48 只。此次的监测调查路线，将第四次大熊猫调查的实际调查路线作为固定监测样线，采用与第四次大熊猫调查完全相同的路线调查法和非损伤性遗传学调查法开展监测工作。

非损伤性遗传学调查法，即 DNA 法，就是在不触及或伤害野生动物本身的情况下，通过收集动物脱落的毛发或羽毛、粪便、尿液、食物残渣（其含有口腔脱落细胞）、鹿角、鱼鳞和卵壳等不同形式的分析样品而进行遗传分析的一种取样方法。

大熊猫国家公园草坡片区重点区域
大熊猫种群动态网格布设分布示意图

此次监测共计 32 条固定样线，分布在大熊猫国家公园汶川园区全境。由于有两条样线在近两年垮塌严重，考虑到安全，未能监测，有 3 条样线由于监测时遭遇泥石流灾害，道路垮塌严重，未能到底，来年才能监测。

二、监测内容

采用路线调查法沿样线和调查小区收集大熊猫实体及痕迹、同域主要野生动物、主食竹资源及干扰情况等信息。

以距离－咬节区分法①为主，识别大熊猫个体数量、空间分布等信息。大熊猫粪便中的竹茎被称为咬节，而咬节被认为带有大熊猫的生物体征。技术人员通过批量测量咬节的长度，就可以区分大熊猫个体。由于该方法简单且实用性强，在调查中大范围使用。

三、监测相关记录

老王和一行队友一起，监测员 9 人，雇请 70 余人次民工，历时 20 天左右，监测职工相互配合，不怕辛苦，圆满完成了本次监测工作。

此次监测共计填写各类表格 147 份，其中大熊猫种群记录表 101 份，伴生动物记录表 32 份，干扰情况表 14 份。在野外布设了 34 台红外相机。

在监测调查过程中，需要实时记录调查信息。为了更加准确地记录定位，通常采用经纬度与海拔高度相结合的方式记录位置信息。

① 距离－咬节区分法是指在样线上收集大熊猫新鲜便样品并进行分析的方法。按照大熊猫遗传档案建立的相关技术标准，对大熊猫粪便 DNA 进行提取、测序和分析，识别大熊猫个体数量和性别。

1. 大熊猫实体及痕迹记录[①]

熊猫粪便

大熊猫在取食竹茎时，先是将其一段段咬断，然而并没有将其充分磨碎和咀嚼，并且由于大熊猫缺乏消化纤维素的机制，一段段竹茎几乎保持原样地从消化道排出，因此研究人员最开始是根据大熊猫粪便中残存的咬节来分辨不同年龄的大熊猫个体的。大熊猫粪便中主要包含未消化的竹叶、竹杆等残渣，还包括一些肠道微生物、类固醇激素、消化道脱落细胞等。由于大熊猫对竹子的消化率极低，为满足能量需求，其需要大量摄入，日均排便量高达 20 千克，所以较易在野外获取到具有利用价值的新鲜粪便。由于粪便所含信息能够鉴别不同个体，因此在大熊猫数量调查及种群生态研究中得以广泛应用。

大熊猫样线监测记录表

样线号	监测人	是否发现粪便	大地名	小地名	北纬（度）	东经（度）
M/SC/QL/WC/CP/17	王鑫	无	沙排	盐水沟	31.30104	103.25628
M/SC/QL/WC/CP/17	王鑫	无	沙排	盐水沟	31.31386	103.26096
M/SC/QL/WC/CP/14	江润喜	有	沙排	正河	31.33515	103.23017
M/SC/QL/WC/CP/17	王鑫	无	沙排	盐水沟	31.30375	103.25501
M/SC/QL/WC/CP/15	王鑫	无	沙排	大架子沟	31.33426	103.21771
M/SC/QL/WC/CP/17	王鑫	无	沙排	盐水沟	31.30236	103.25564
M/SC/QL/WC/CP/15	王鑫	无	沙排	大架子沟	31.33088	103.21317
M/SC/QL/WC/CP/14	江润喜	有	沙排	正河	31.33475	103.34212

① 代军，张洪．岷山山系小河沟自然保护区大熊猫栖息地的动态变化 [J]. 普洱学院学报，2022，38（3）：4.

2. 大熊猫伴生动物状况

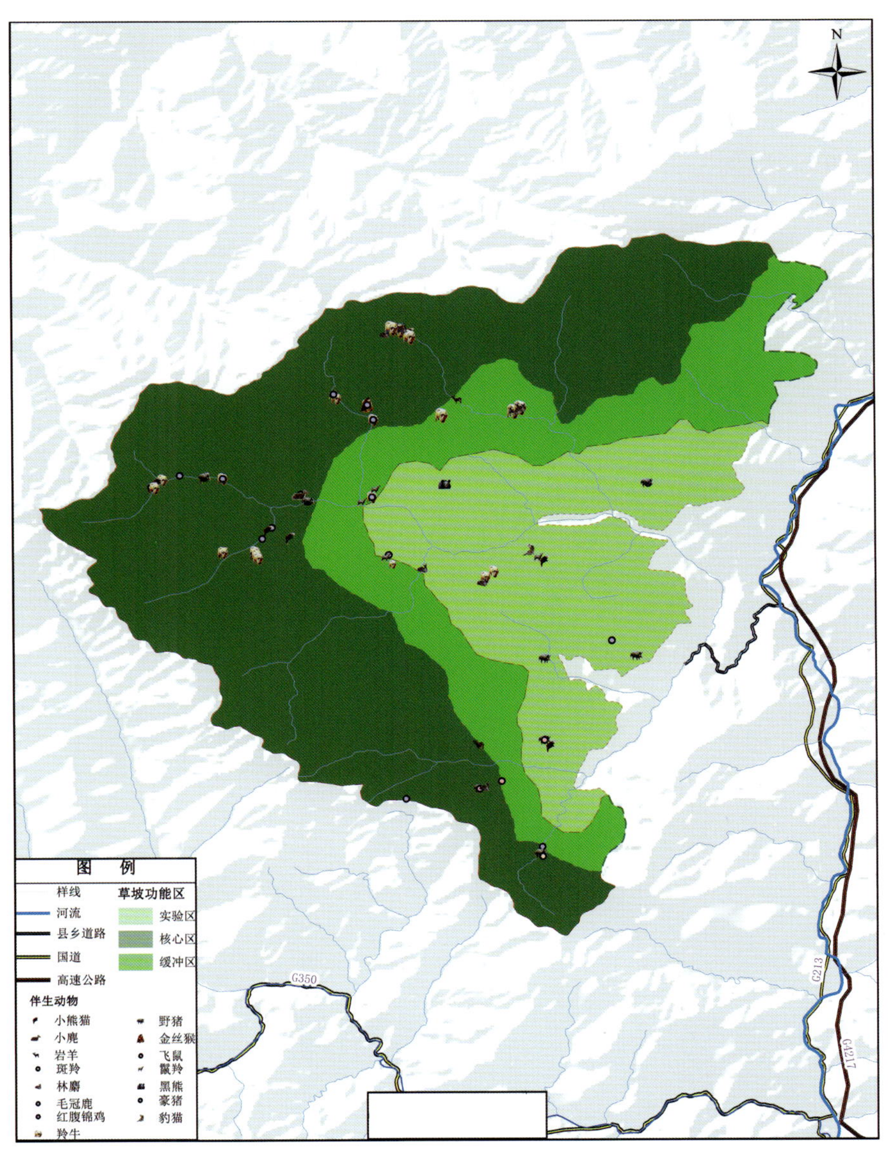

四川草坡自然保护区2021年上半年大熊猫监测伴生动物痕迹示意图

大熊猫伴生动物岩羊

大熊猫伴生动物记录表

样线号	动物名称	痕迹类型	北纬（度）	东经（度）	海拔（米）
M/SC/ql/wc/cp/01	小熊猫	1	31.37758	103.33396	2715
M/SC/ql/wc/cp/01	鬣羚	1	31.39791	103.31538	3098
M/SC/ql/wc/cp/01	林麝	1	31.39827	103.31448	3166
M/SC/ql/wc/cp/03	羚牛	1	31.36594	103.33193	2720
M/SC/QL/WC/CP/04	羚牛	1	31.35906	103.35814	2409
M/SC/QL/WC/CP/04	鬣羚	1	31.36287	103.36043	2644
M/SC/QL/WC/CP/04	林麝	1	31.36409	103.36946	3162
M/SC/ql-wc-cp-01	林麝	1	31.39827	103.31448	3166
M/SC/QL-wc-CP-08	林麝	1	31.32309	103.36695	2071
M/SC/QL-wc-CP-08	大熊猫	1	31.3248	103.36948	2239
M/SC/QL-WC-CP-10	岩羊	1	31.32421	103.29982	2143
M/SC/QL-WC-CP-10	红腹角雉	1	31.29788	103.31649	2351
M/SC/QL-wc-cp-14	羚牛	1	31.33475	103.34212	2570
M/SC/QL-wc-cp-14	毛冠鹿	1	31.3298	103.24662	2465
M/SC/QL-wc-cp-14	小熊猫	8	31.33427	103.21255	2485

3. 干扰情况

大熊猫野外生存存在直接干扰或间接干扰的因素，如牧民放牧、村民野外狩猎和上山采药砍柴、矿场采石，以及伴随时代发展所兴建的输电线路和交通运输道路等。

本次监测发现 8 条监测样线干扰情况比较严重，多分布在保护区实验区内。但与往年相比干扰有所减轻，原因可能是这两年灾害较多，道路不通；同时，保护区也加强了管理，例如处理进山挖药事件，使得挖药情况有所遏制，但是要想杜绝几乎不可能。

干扰情况表

样线号	监测时间	干扰类型	北纬（度）	东经（度）	海拔（米）	干扰关键信息描述
	12-May-21	1	31.37763	103.33376	2701	较大
	12-May-21	1	31.40402	103.33541	3198	干扰较重
	12-May-21	1	31.3987	103.33151	3092	干扰较重
	13-May-21	1	31.36791	103.33707	2618	较重
	13-May-21	1	31.36774	103.33745	2617	较重
	07-May-21	1	31.26164	103.40846	2578	弱
	07-May-21	1	31.26581	103.3999	2574	弱
	07-May-21	1	31.26881	103.39694	2430	中
	07-May-21	16	31.26269	103.39339	2181	弱
	07-May-21	1	31.25933	103.40986	2575	强

4. 红外相机的监测情况

布设红外相机时尽可能选择动物利用的兽径和水源附近。相机前不应有叶片较大的植物，地面灌草也应较少，尤其在植物生长季节需要特别注意灌草的生长，并尽量避开阳光直射。可设置一些障碍，但注意预留动物活动的通道，保证动物通过相机前的时间最长。将相机捆绑在树干 0.5 米左右的高度，相机机头平行于地面。

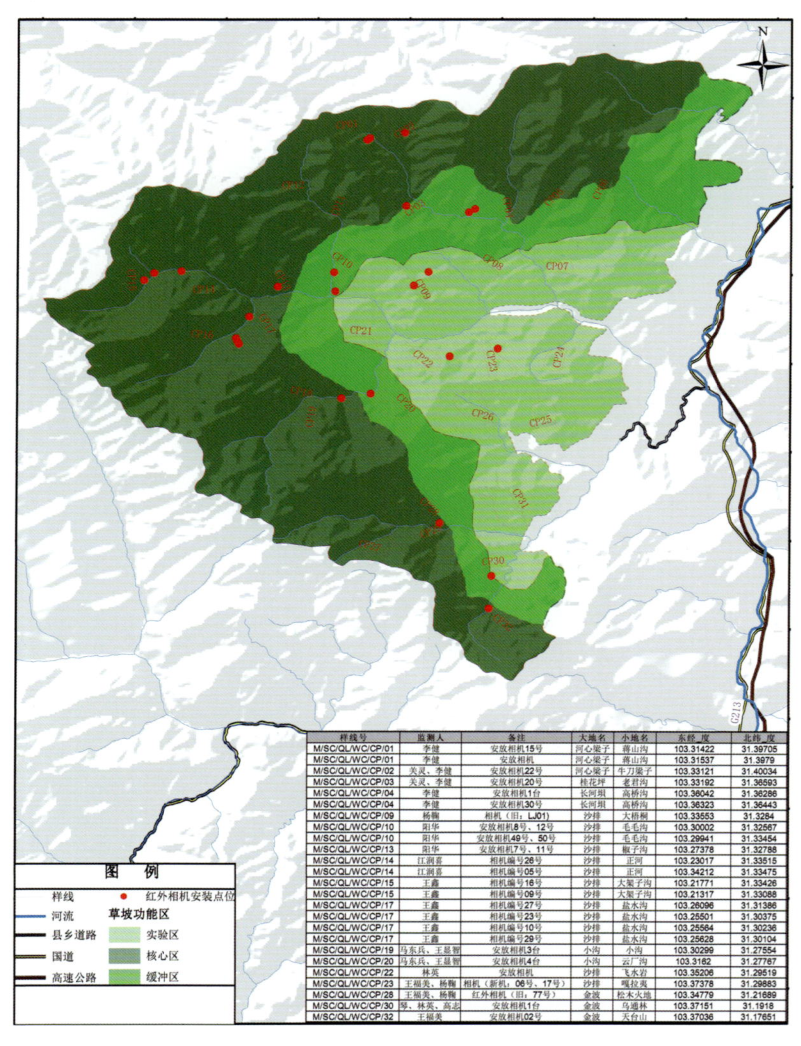

样线号	监测人	备注	大地名	小地名	东经_度	北纬_度
M/SC/QL/WC/CP/01	李健	安放相机15号	河心梁子	蒋山沟	103.31422	31.39705
M/SC/QL/WC/CP/01	李健	安放相机	河心梁子	蒋山沟	103.31537	31.3979
M/SC/QL/WC/CP/02	关灵、李健	安放相机22号	河心梁子	牛刀梁子	103.33121	31.40034
M/SC/QL/WC/CP/03	关灵、李健	安放相机20号	桂花坪	老君沟	103.33192	31.36593
M/SC/QL/WC/CP/04	李健	安放相机1台	长河坝	高桥沟	103.36042	31.36286
M/SC/QL/WC/CP/04	李健	安放相机30号	长河坝	高桥沟	103.36323	31.36443
M/SC/QL/WC/CP/09	杨鞠	相机（旧：LJ01)	沙排	大梧桐	103.33553	31.3284
M/SC/QL/WC/CP/10	阳华	安放相机8号、12号	沙排	毛毛沟	103.30002	31.32567
M/SC/QL/WC/CP/10	阳华	安放相机49号、50号	沙排	毛毛沟	103.29941	31.33454
M/SC/QL/WC/CP/13	阳华	安放相机7号、11号	沙排	椒子沟	103.27378	31.32788
M/SC/QL/WC/CP/14	江润喜	相机编号26号	沙排	正河	103.23017	31.33515
M/SC/QL/WC/CP/14	江润喜	相机编号05号	沙排	正河	103.34212	31.33475
M/SC/QL/WC/CP/15	王鑫	相机编号16号	沙排	大架子沟	103.21771	31.33426
M/SC/QL/WC/CP/15	王鑫	相机编号09号	沙排	大架子沟	103.21317	31.33088
M/SC/QL/WC/CP/17	王鑫	相机编号27号	沙排	盐水沟	103.26096	31.31386
M/SC/QL/WC/CP/17	王鑫	相机编号23号	沙排	盐水沟	103.25501	31.30375
M/SC/QL/WC/CP/17	王鑫	相机编号10号	沙排	盐水沟	103.25564	31.30236
M/SC/QL/WC/CP/17	王鑫	相机编号29号	沙排	盐水沟	103.25628	31.30104
M/SC/QL/WC/CP/19	马东兵、王显智	安放相机3台	小沟	小沟	103.30299	31.27554
M/SC/QL/WC/CP/20	马东兵、王显智	安放相机4台	小沟	云厂沟	103.3162	31.27767
M/SC/QL/WC/CP/22	林英	安放相机	沙排	飞水岩	103.35206	31.29519
M/SC/QL/WC/CP/23	王福美、杨鞠	相机（新机：06号、17号）	沙排	嘎拉夷	103.37378	31.29883
M/SC/QL/WC/CP/28	王福美、杨鞠	红外相机（旧：77号）	金波	松木火地	103.34779	31.21689
M/SC/QL/WC/CP/30	琴、林英、高志	安放相机1台	金波	乌通林	103.37151	31.1918
M/SC/QL/WC/CP/32	王福美	安放相机02号	金波	天台山	103.37036	31.17651

四川草坡自然保护区 2021 年上半年大熊猫监测红外相机安放点位示意图

利用红外相机对林区的野生动物进行监测时，需要根据林区的面积以及动物活动热点区域面积的大小来选择布设的相机数量，相机数量太少无法监测到最大数量的野生动物物种，而相机数量过多则会造成人力和物力的浪费。

我们提前半年安放了红外相机 34 台。由于洪涝灾害，道路不通，有 3 条样线只能下次再去，回收 26 台红外相机的储存卡。由于监测队员对安放相机不熟练以及相机设置较复杂，有几台相机安放后未开机，几台安放点位不好，均需要优化。

红外相机安放点位表

监测人	备注	小地名	东经（度）	北纬（度）	监测成果
李健	安放相机 15 号	蒋山沟	103.31422	31.39705	林麝、羚牛
李健	安放相机	蒋山沟	103.31537	31.3979	林麝
关灵、李健	安放相机 22 号	牛刀梁子	1C3.33121	31.40034	点位不合理，需优化
关灵、李健	安放相机 20 号	老君沟	103.33192	31.36593	点位不合理，需优化
李健	安放相机 1 台	高桥沟	103.36042	31.36286	大熊猫、林麝
李健	安放相机 30 号	高桥沟	103.36323	31.36443	金丝猴
杨鞠	相机（旧：LJ01）	大梧桐	103.33553	31.3284	无

"绿水青山就是金山银山"，我们每一个人都是大自然生态环境的保护者。走进大自然，从亲近一草一木开始，为保护环境出一份力。

四川省阿坝藏族羌族自治州汶川县素有"大禹故里，熊猫家园"之称，森林资源丰富，是动物"活化石"大熊猫最理想的繁衍生息地。大熊猫国家公园汶川园区内分布的大熊猫数量约占世界总数的10%，川金丝猴等国家重点保护野生动物有近60种。大熊猫国家公园汶川园区是邛崃山系野生大熊猫种群栖息地的重要组成部分，主要保护对象为大熊猫等珍稀野生动物和森林生态系统。保护区不仅是野生动物的家园，也是大家了解大熊猫栖息地的重要科普场所。

1. 我是生态监测调查员

来到大熊猫国家公园汶川园区的外围，与核心区保持一定的距离，我们可以在不打扰大熊猫等野生动物的范围内开展模拟巡护工作，试着像老王一样，做一名生态护林监测调查员。在这里进行一次生态巡护吧！

（1）监测方法

固定样线监测：大熊猫国家公园汶川园区外围区域。

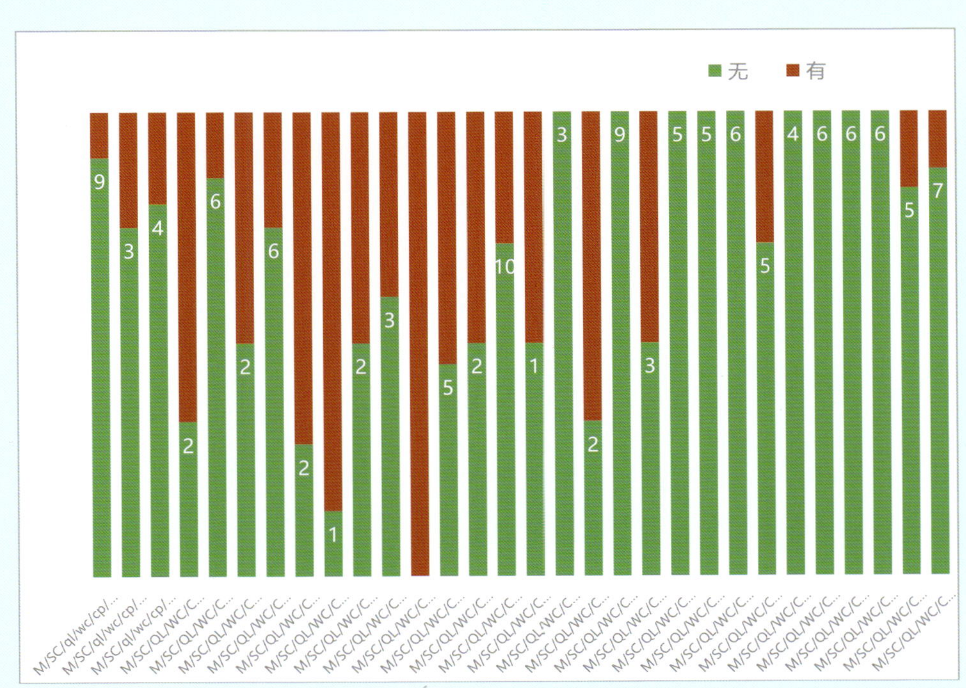

大熊猫监测样线大熊猫痕迹点位分布图

（2）监测内容

沿样线收集野生动物实体及痕迹、植物分布及生长情况、干扰情况等信息。

野生动物实体及痕迹

沿样线观察天上的鸟儿，花丛中的蜜蜂、蝴蝶，或者是树林间的小兽，你能发现哪些动物的踪迹啊？

野生动物实体及痕迹记录表

样线号	监测人	动物实体及痕迹	地名	北纬（度）	东经（度）

植物分布及生长情况

据调查，大熊猫国家公园汶川园区内地质地貌复杂，气候类型多样，植物物种多样性指数高，分布的裸子植物有 6 科 12 属 23 种，其中我国特有植物有 19 种。被子植物多样性与邻近地区差异不明显，珍稀濒危和古老孑遗类群较为丰富，比如珙桐、连香树、红豆杉等珍稀植物。用发现的眼睛去森林里寻找一下它们的身影，用自然笔记的方式记录下你观察到的植物吧。

自然笔记

时间：　　地点：　　天气：　　记录人：

干扰情况

这一区域属于保护区的外围，所以还是会有不少人来，看看有没有人留下的痕迹呢。寻找人为对这片区域的干扰信息，记录下来吧。

干扰情况记录表

监测时间	干扰类型	北纬（度）	东经（度）	海拔（米）	干扰关键信息描述

2. 身边的自然保护区

城市里的公园和绿地，居住的小区，都是我们身边的大自然。你有没有认真观察过身边的自然呢？试着像生态护林监测调查员一样，深入了解一下身边的自然环境吧。

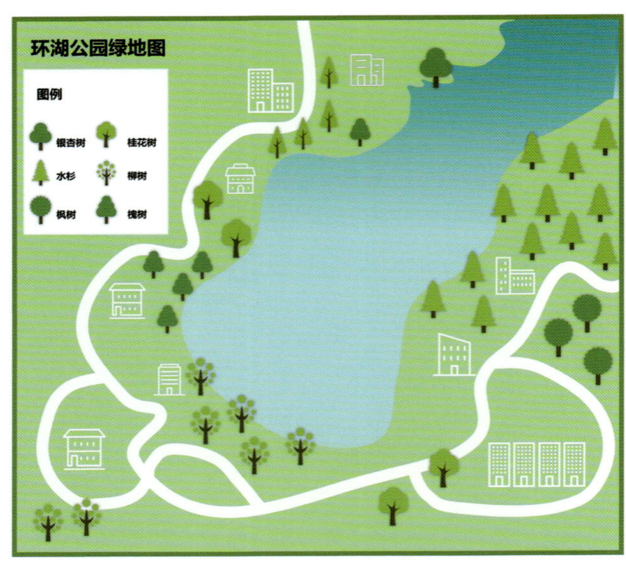

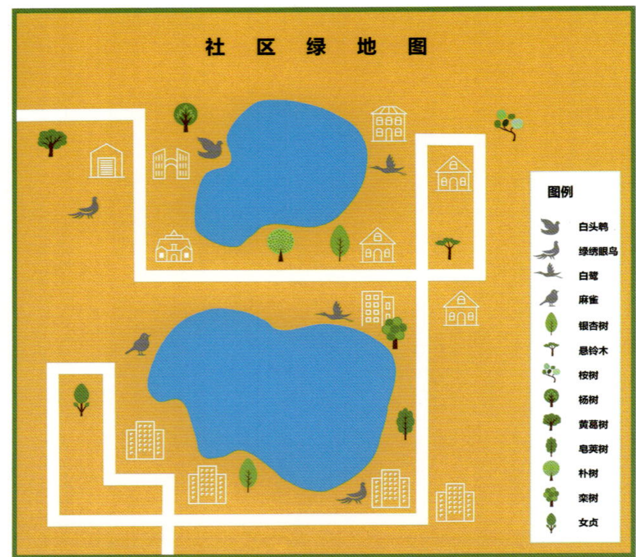

（1）监测方法

固定样线监测：选择一个你想监测调查的公园或者小区，绘制一幅调查路线图吧。

（2）监测内容

沿样线收集野生动物实体及痕迹、植物分布及生长情况、干扰情况等信息。

野生动物实体及痕迹

城市中也有很多野生动物和我们一起生活，你有没有关注过它们的踪迹吗？擦亮眼睛，找一找吧。

野生动物实体及痕迹记录表

样线号	监测人	动物实体及痕迹	地名	北纬（度）	东经（度）

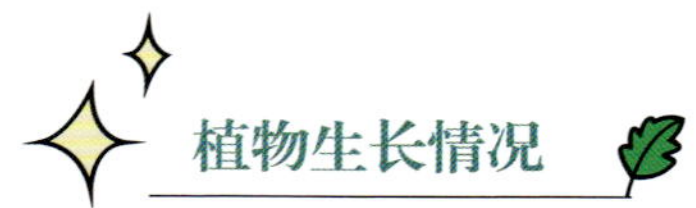

植物生长情况

我们身边也生长着各种植物，有高大的树木，有低矮的灌木丛，快去观察一下身边的自然“邻居”，用自然笔记的方式记录下它们的身影吧。（选择有特色的植物进行观察记录）

自然笔记

时间： 地点： 天气： 记录人：

干扰情况

城市中的自然环境，受到人为因素的干扰较多，甚至很多会由于人类活动受到破坏性影响。你是否关注过这些现象呢？去身边找一下吧。

干扰情况记录表

监测时间	干扰类型	北纬（度）	东经（度）	海拔（米）	干扰关键信息描述

人类在发展过程中，对自然环境产生了一些不可避免的影响。人类对自然的开发越来越多，野生动植物生存的空间却越来越少，每天都有物种在消失。生物多样性是地球上有生命以来经过几十亿年发展进化的结果，它是人类社会赖以生存和发展的重要物质基础，对人类的生存和经济社会的发展起到了不可估量的作用。现在物种灭绝速度惊人，面对这样的挑战和压力，我们每个人都应该思考和行动起来，保护生物多样性，共建地球生命共同体。

第五章

与大自然在一起

在神秘的大熊猫国家公园汶川园区中，有大熊猫、珙桐、银杏等丰富的奇珍异兽，护林人员正在默默地用行动排除森林隐患，保护这片净土。身为大自然中一员的我们又能为自然做些什么呢？我们应该认识到人与自然是生命共同体，要以热爱自然为基础，坚定习近平的生态文明思想，贯彻落实“创新、协调、绿色、开放、共享”的新发展理念。

亲爱的朋友们，让我们一起到大自然中，和自然对话，感知自然，欣赏自然，保护自然，学会与自然和谐相处。

第一节

做一个自然人

一、感官之路

什么是青苔？什么是森林？大自然中有哪些天然形成的景色？现在很多人住在繁华都市中，畅玩在游乐园里，通过网络看世界，与大自然的距离越来越远，甚至与大自然脱节。但实际上人类与大自然有着天然的联系，我们本是自然界的一部分，与自然相依相存。尽管现代文明如此发达，我们仍然离不开大自然，我们的生命需要大自然的力量。

当你踏入这片神秘的森林，请闭上眼睛好好感受——环绕在我们身边大大小小的树，枝头结着各种各样的果子，森林里住着许许多多的小动物……你可能会感到新奇、陌生，但亲爱的朋友，你不是大自然的过客，你是大自然的孩子，勇敢地接近它、感受它，在大自然中畅快地呼吸，找回自己与大自然间的连接吧。

互动体验

1. 视觉——找到相同的颜色

（1）准备一张卡纸或者硬纸板。

（2）在卡纸或硬纸板中间贴上你喜欢的不同颜色的小卡纸，也可以用彩笔涂色分区。

（3）用胶枪将夹子分别粘贴在彩色卡纸上，也可以将夹子换成双面胶。

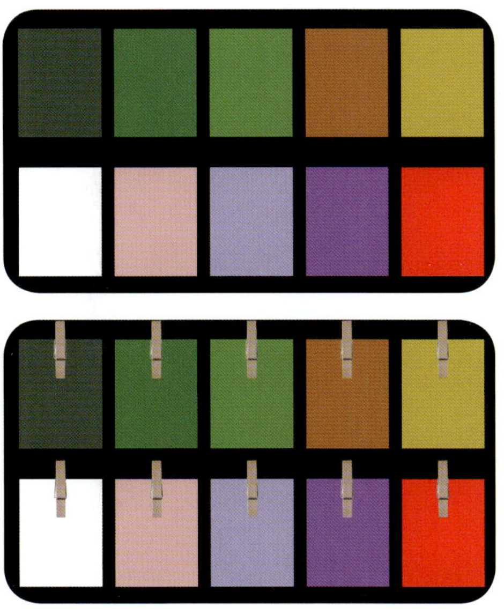

（4）准备工作完成，出发去大自然中找颜色吧，并把这些“颜色”固定在对应颜色的卡纸区域。

（5）当颜色卡上的所有颜色都在大自然中找到后，与你的同伴分享，你们一定会惊叹于大自然这位伟大艺术家的杰作！

2. 嗅觉——气味相投

大自然不仅颜色丰富，可以为我们带来视觉的享受，它还像个气味工厂。接下来就让我们一起在大自然中打开嗅觉吧。

（1）闭上眼睛，专心嗅一嗅珙桐的气味。
（2）携带一个杯子、瓶子或花篮，去大自然中找一找哪些植物的气味与珙桐接近。
（3）将这些“气味”收集在杯子、瓶子或花篮中。
（4）选择你认为最接近珙桐气味的植物，与你的伙伴比一比，看看谁的鼻子最灵敏。

3. 触觉——泥巴印章

泥巴是大自然的产物，也是人类最原始、最朴素、最自然、最温馨的建筑材料。你想亲手用泥巴为大自然中的哪个成员制作一个独一无二的印章呢？

（1）寻找土壤，将它们堆在一起。
（2）挑除土壤中的杂质，比如枯枝、石块等。
（3）加适量的水将土壤湿润，用手不断揉捏，直到土壤变成像面团一样细密的泥巴。
（4）将泥巴分成小团，用手团成不同形状的“印章胚”。
（5）在大自然中寻找你喜欢的事物，将它的形状留在“印章胚”上，你还可以刻上它的名字，这样一个泥巴印章就做好了。

看吧！你的眼睛在说：大自然的样子赏心悦目；你的鼻子在说：大自然的气味沁人心脾；你的皮肤在说：大自然的触感让人心情愉悦。为什么你会感觉如此舒适？因为你属于这里，你是大自然的孩子！

二、一个都不能少

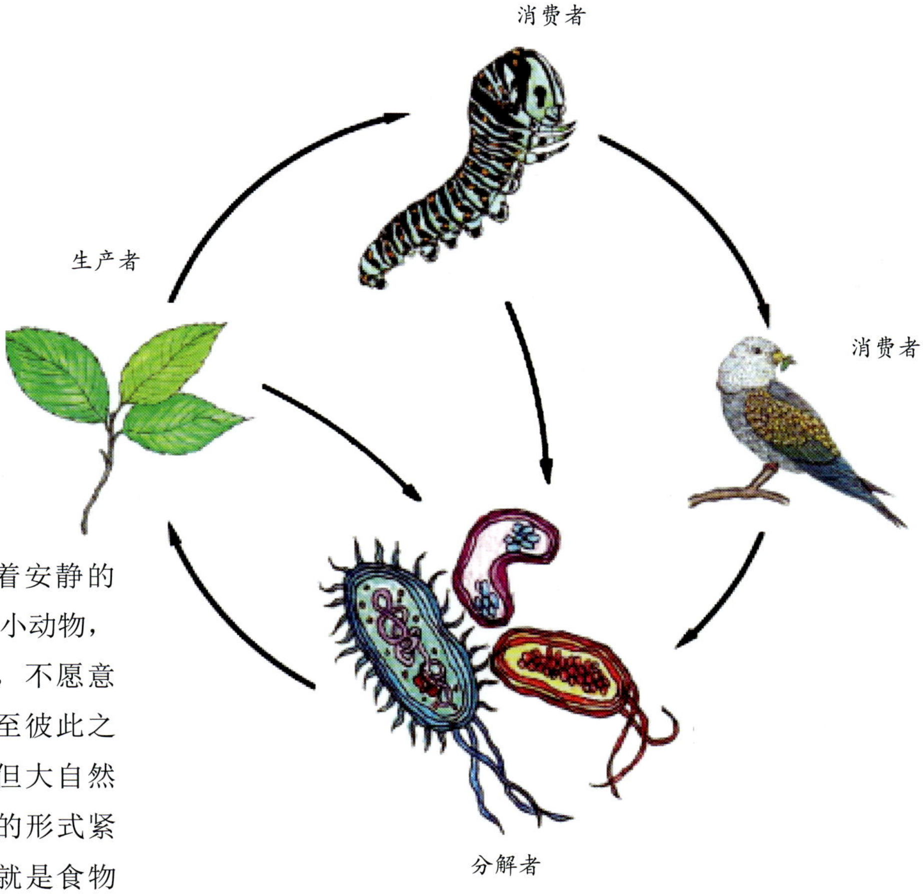

消费者

生产者

消费者

分解者

大自然中不仅住着安静的植物，还有许多活泼的小动物，虽然它们通常很谨慎，不愿意在人类面前露面，甚至彼此之间也鲜有亲密接触，但大自然却将它们以一种特殊的形式紧密地联系在一起，它就是食物链。食物链中不同环节的生物，其数量是相对恒定的，以保持自然平衡。如果打破这种平衡会发生什么呢？

知识拓展

食物链是由生产者和各级消费者组成的能量运转序列，是生物之间食物关系的体现。食物链中只包含生产者和消费者，不包括分解者和非生物部分，食物链以生产者开始，以最高营养级结束；食物链中的箭头由被捕食者指向捕食者。

（1）搭建生物链：生物链中有竹子、竹鼠、大熊猫、蛇 4 种生物，其中竹鼠、大熊猫都吃竹子，蛇捕食竹鼠。

（2）人数要求：竹子人数＞竹鼠人数＋大熊猫人数；竹鼠人数＞蛇人数。

（3）选择生物角色：根据剪刀石头布游戏依次选择，并分享你选择的理由。

（4）划分游戏区域：休息区为游戏暂停区域，游戏区为进行追逐游戏的区域，待定区为被捕食出局的暂停区。

（5）追逐游戏：游戏开始，每人依据个人角色带上头饰，根据食物链只能选择自己的下一级进行追逐，但同时要避免被自己的上一级抓住，被上一级抓住的人出局进入待定区，暂停两轮游戏后可重新加入追逐游戏（模拟生物的自然繁衍）；每 3 分钟暂停一次游戏，游戏区内剩余人进入休息区休息 2 分钟后，再次开始追逐游戏。

谁赢得了比赛的胜利呢？当某个环节的动物减少了，比赛会陷入僵局吗？说说你在游戏中的感受吧！

丰富多彩的大自然中有各色的生命，它们有的生机勃发，想尽办法让自己变得高大、鲜艳、芬芳，引人瞩目，也有的羞涩谨慎，努力隐藏自己的锋芒，但不管它们拥有怎样的面貌，以哪种方式生存，也不管它们离我们的生活多近或多远，它们都在大自然中与我们休戚与共。

第二节 自然的艺术盛宴

走近自然，你认识自然中的小伙伴了吗？它们或柔软，或坚硬，或高大，或娇小，相信生机勃勃的它们已经激发了你所有的感官。但大自然不仅是天然的游乐场，还是原始的艺术殿堂，一朵朵绚烂的小花，一片片有独特叶脉的树叶，一粒粒充满张力的种子，它们都在用自己独特的方式彰显自然之美。

我们一起参加这场自然的艺术盛宴，在万树千花绘成的巨幅画作中，体会自然“适者生存”的智慧之美；在鸟语虫鸣奏响的婉转曲调中，体会“天人合一”的和谐之美；在落叶碎石拼成的艺术作品中，体会“顺应天常”的创作之美。

一、植物的智慧

千万年来地球环境一直在发生变化，地球上的植物也在演化的过程中展现出了惊人的生存智慧。

植物不能像动物一样随意移动，所以它们身体的每一个结构都必须更合理地进行设计和安排，帮助自己更好地适应生存环境。例如三角梅看起来像一朵花，但其实是由 3 朵花形成，每一朵花都有一片像花瓣一样的苞片，用来吸引昆虫；珙桐花的朝下开放的白色“花瓣”也是苞片，除了能够吸引昆虫，还能充当雨具；蝴蝶戏珠花外围较大的花朵都是不孕花，也是为了吸引昆虫来传粉。

三角梅

蝴蝶戏珠

珙桐花

仅仅为了传粉，聪明的植物便会各显其招，你能找出其他植物传粉的妙招吗？你还能发现植物生存的其他智慧吗？

互动体验

（1）观察珙桐花，交流讨论珙桐花的特点；认识苞片，你能找到珙桐花真正的花在哪里吗？

（2）分组寻找并交流讨论像珙桐花一样依靠苞片吸引昆虫传粉的植物。

（3）观察蝴蝶戏珠花，交流讨论蝴蝶戏珠花的特点，认识不孕花。

（4）分组寻找并交流讨论像蝴蝶戏珠花一样依靠不孕花吸引昆虫传粉的植物。

（5）观察身边植物的叶、花、果实、茎、根等结构，找一找它们都有哪些生存智慧呢？

二、大自然中的演奏家

嘘！听，大自然正在演奏！

钻进大自然，躲在森林或草丛中，闭上眼睛，拿出录音笔或打开手机录音功能，就能把蛙声、鸟叫、蝉鸣、风动、流水声……统统收进口袋。

流水

温馨提示

（1）尽量选择清晨或傍晚等人类活动少的时间。

（2）想要良好的录音效果，还要注意录音时的隐蔽性，不然会惊走附近的动物。

（3）想要提高录音效率，最好事先了解录音对象的习性，提前做好计划。

三、大地艺术

你知道什么是大地艺术吗？自然的一草一木、一沙一砾，都在诠释原始的魅力。让我们一起尊重自然的力量，用创造力捕捉自然之美。

（1）环绕四周，观察你当下的自然环境，有哪些不同形状、颜色和质地的自然元素呢？

（2）在这个环境中，选择自己所喜欢的自然元素，尽量多找一些备用。

（3）选择一片空旷的区域，或一个自己觉得有趣的地方，用所选素材进行创作。

（4）完成后给你的作品取一个好玩的名字，然后向你的朋友分享你的灵感来源吧。

四、万物皆可画

自然不缺少美，不同色彩、不同质感、不同肌理的搭配，都能创造出一幅美丽画卷。用你善于发现的眼睛，用万物来作画吧！

互动体验

（1）准备材料：铅笔、橡皮、剪刀、胶水、硬纸板。

（2）在硬纸板上用铅笔勾勒出画卷轮廓。

（3）根据各个画面的需要，在大自然中寻找石头、树叶、树枝等自然元素。

（4）利用剪刀等工具将树叶、树枝等修剪成合适的形状和大小。

（5）用胶水把准备好的树叶、石子等自然元素贴在硬纸板上的合适位置。

（6）修剪树枝，用胶水粘在硬纸板四周，做成漂亮的画框。

赶快去森林里收集各种自然元素，制作有趣的自然装饰画吧！

我们一起见证了植物的智慧，一起倾听了自然之声，一起创造了自然画卷，这场自然艺术盛宴惊艳到你了吗？大自然的孩子，让我们珍惜自然家园的美好，用爱与大自然对话！

第三节

自然小木屋

自然的美与魅力在于它是有灵魂的，而它的灵魂是由丰富多彩的生命赋予的。2020 年 9 月 30 日，习近平在联合国生物多样性峰会上发表讲话：“我们要站在对人类文明负责的高度，尊重自然、顺应自然、保护自然，探索人与自然和谐共生之路，促进经济发展与生态保护协调统一，共建繁荣、清洁、美丽的世界。”作为一个自然人，我们不仅要感知自然、欣赏自然，更要肩负起保护自然的职责，要像保护眼睛一样保护生态环境，要像对待生命一样对待生态环境，努力建设人与自然和谐共生的现代化社会。

让我们践行生态文明理念，通过科学合理的规划，在大自然中搭建一座小木屋，将我们在大自然中创作的摄影、艺术作品、文字、森林之声等都珍藏于此，让更多人走进小木屋，去感受除人类以外的生灵。呼吁大家秉持人类命运共同体理念，成为生态文明建设的重要参与者、贡献者、引领者，共筑能远看青山、近嗅花香的美好自然生态。

青少年志愿者在自然环境中进行科考和体验

一、设计木屋结构

观察周围的环境，选择一个地方建造木屋，但不要破坏生态环境。我们会将在大自然中创作的摄影、艺术作品、文字、森林之声等都保存在木屋中，怎样划分区域更美观呢？除了让参观者在木屋中感受多彩的生灵，你还想让它有怎样的功能？木屋空间有多大？每个构件的尺寸有多大？

各样的森林木屋

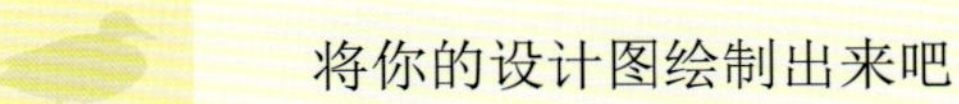

将你的设计图绘制出来吧！

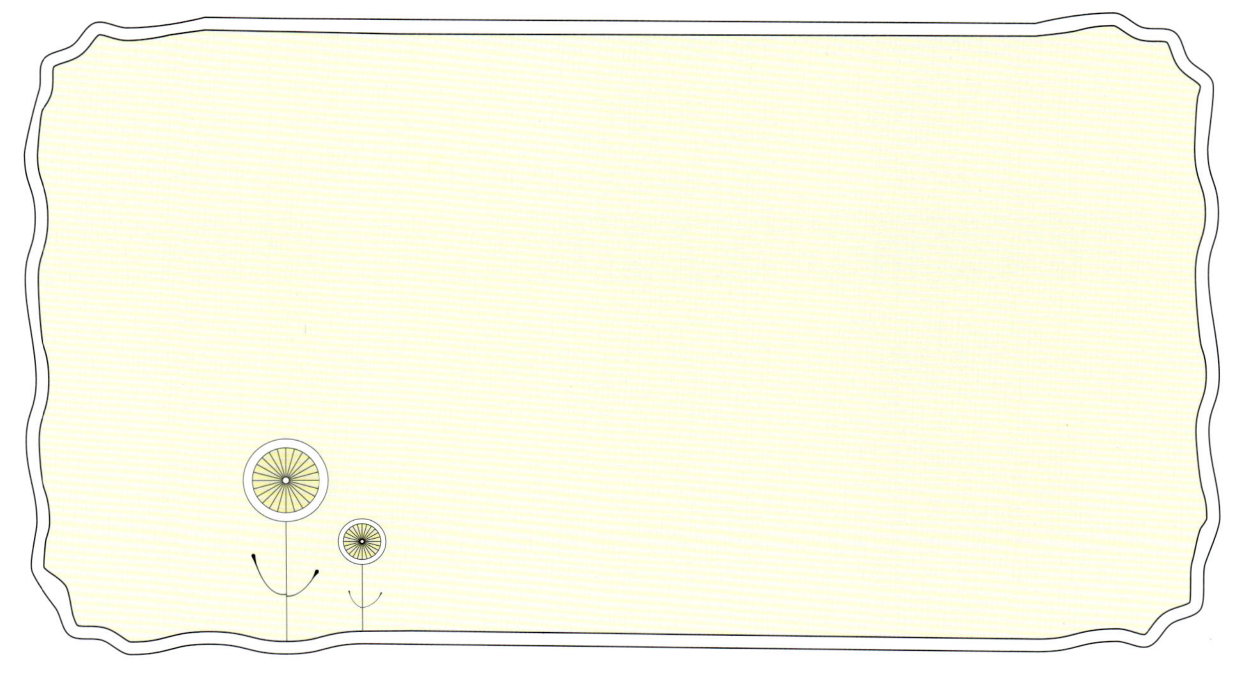

二、选择建筑材料

参考材料

（1）地基：主要起到防潮、防虫蚁和固定的作用，选择符合要求的地点。

（2）龙骨：主要起固定地板的作用，也有防潮的作用，可以选择坚硬的实木条根据一定的间歇规格搭建。

（3）墙体：墙体主要有保温、防水、阻燃、装饰、通风等功能，可以按需选择木头、篷布、石头等材料。

（4）屋盖：主要考虑防风、防雨功能，可选择木头、柴草、篷布等材料。

木屋不同的结构分别需要哪些材料？这些材料容易获得吗？是否可以利用森林中的现有环保材料？搭建成本如何？

建筑材料记录表

材料名称	用途	数量	尺寸	获取途径	预估成本	是否环保

三、选择建筑工具

参考工具

（1）锯子：用于锯断木料。

（2）锤子或石头：用于加固地基。

（3）绳子：绑住木料、篷布、柴草等，以稳定墙体、屋顶。

（4）胶枪：装饰。

（5）LED 灯：照明。

搭建木屋过程中你需要哪些工具？它们的用途是什么？

建筑工具记录表

工具名称	用途	数量	获取途径	预估成本

四、搭建计划

参考任务

（1）搭建地基。

（2）搭建龙骨。

（3）搭建墙体。

（4）搭建屋盖。

（5）装饰木屋：木屋中需要哪些家具？如何规划在大自然中创作的摄影、艺术作品、文字、森林之声等作品的摆放？

（6）无痕活动：清理废料，做到搭建完成后无破坏生态环境的现象产生。

跟你的小伙伴一起列出任务清单，开始按计划搭建吧。

搭建计划表

任务	分工	完成时间	注意事项

或许你的小木屋仅仅只需要一块布、一片树叶，大胆想象吧！

也许自然界的那束光就是你对它的热爱，保持这种热爱，让我们能始终与大自然站在一起！